KB208822

발 간 사

우리 전통과학은 사람과 자연을 생각하며 생명을 살리는 '살림의 과학' 입니다.

우리가 '과학' 이라고 부를 때, 흔히 '서양과학' 만을 일컫는 경우가 많습니다. 그러나 우리 선조들이 유구한 세월 이루어 온 과학이 있으니, 서양과학과 구별하여 '전통과학' 이라 부릅니다.
우리 전통과학은 사람과 자연을 생각하며 생명을 살리는 '살림의 과학' 입니다. 이러한 정신은 전통 옷감에서도 나타납니다.
삼베 · 모시 · 무명 · 비단 같은 우리 옷감은 계절 변화가 심한 기후에 대응하고 옷을 통해 아름다움을 표현하려는 사람들의 요구에 따라 개발되었습니다. 씨아, 물레, 베틀 등의 도구 역시 사람의 일을 보다 쉽고 편하게 하는 것들입니다. 이와 같이 우리 전통과학은 사람을 위한 과학입니다.
전통과학은 또한 자연을 이용하면서 자연을 살리는 과학입니다. 우리 옷감은 모두 자연에서 나는 재료를 이용하여 만듭니다. 삼이나 모시풀의 껍질, 누에고치, 목화솜에서 실을 뽑아 짭니다. 그리고 식물의 열매나 줄기, 뿌리를 이용하여 여러 가지 아름다운 색깔로 물들입니다. 우리 옷감은 자연적인 재료만을 이용하므로 인체에 해롭거나 환경 문제를 일으키지 않습니다.
보림출판사는 우리 선조들의 과학 정신을 『전통과학 시리즈』에 담았습니다. 생활 속에서 친숙히 다가갈 수 있는 소재들을 다루었으며, 내용을 쉽게 이해할 수 있도록 모두 그림으로 재현했습니다.
이 책은 우리 전통문화를 이해하고 선조들의 과학 정신을 이어 나가는 데 밑거름이 될 것입니다.

전통과학시리즈

옷감짜기

글 김경옥 그림 김형준 · 정진희

보림

글 | **김경옥**
경희대학교에서 박사과정을 마쳤으며, 현재 배화여자대학교에서 옷의 역사와 아름다움을 가르치고 있습니다.

그림 | **김형준·정진희**
홍익대학교 동양화과를 졸업하고 현재 프리랜서로 활동하고 있습니다.《우리나라 오천년 이야기 생활사》등에 그림을 그렸습니다.

전통과학 03

옷감짜기

글 김경옥 · **그림** 김형준 정진희 · **초판 1쇄 발행** 1996년 2월 28일 · **초판 24쇄 발행** 2021년 1월 10일 · **펴낸이** 권종택 · **펴낸곳** (주)보림출판사 · **출판등록** 제406-2003-049호
주소 10881 경기도 파주시 광인사길 88 (문발동) · **전화** 031-955-3456 · **팩스** 031-955-3500 · **홈페이지** www.borimpress.com · **ISBN** 978-89-433-0215-3 67580 / 978-89-433-0212-2 (세트)
* 잘못된 책은 바꾸어 드립니다. ⚠주의 책 모서리가 날카로우니 던지거나 떨어뜨리지 마세요.(사용연령 3세 이상)

옷감 짜기

상류층 여자들이 신었던 비단 신발

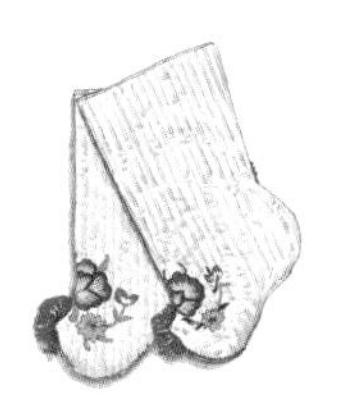

솜을 넣어 누벼 만든 무명 버선

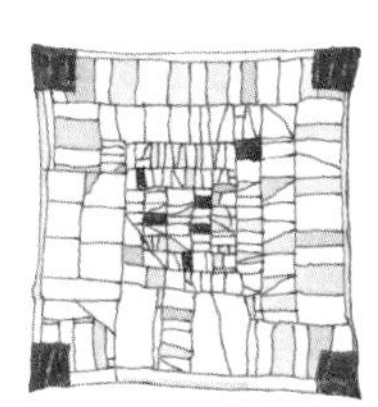

작은 모시 조각을 이어서 만든 조각보

오색 비단에 금실로 수를 놓은 오색 주머니

차 례

추운 지역의 옛사람들

아주 오랜 옛날 극지방의 빙하가 남쪽으로 내려오면서 지독한 추위가 시작되었다.
벌거벗고 다니던 옛 사람들은 추위를 막기 위해 짐승의 털가죽을 벗겨 몸을 감쌌다.
털가죽은 인류가 이용한 최초의 옷감이라고 할 수 있다.

옷감은 어떻게 발전하였나

사냥이나 채집 생활을 하던 시절 사람들은 짐승의 털가죽이나 말린 풀을 엮어 옷으로 이용하였다. 정착 생활을 하고 동·식물들을 기르면서 보다 실용적인 옷감을 개발하였다. 식물의 줄기, 누에고치, 목화솜을 이용하여 삼베·모시·비단·무명과 같은 옷감을 짰다.

풀로 만든 옷

더운 지방에서나 여름철에는 풀잎이나 나뭇잎, 나무껍질로 옷을 만들어 입었다. 이러한 옷들은 뜨거운 햇볕이나 해로운 벌레로부터 몸을 보호해 준다. 농사를 짓기 시작하면서 사람들은 짚으로 옷이나 여러 가지 생활용품을 만들어 썼다.

풀로 옷 만들기
풀에는 섬유라는 질긴 실과 같은 물질이 들어 있다. 이런 성질을 이용하여 오래전부터 사람들은 풀을 말려 옷을 만들었다.

옷의 재료로 사용한 풀

띠

억새

칡

갈대

도롱이

띠 또는 짚을 엮어 만든 옷이다. 어깨에 걸쳐 두르는 도롱이는 조선 시대까지 비옷으로 널리 이용되었다. 오른쪽은 도롱이의 안면과 겉면의 모습이다.

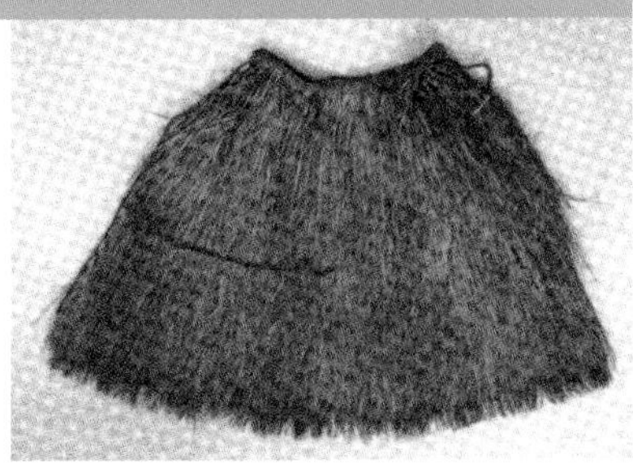

가죽옷

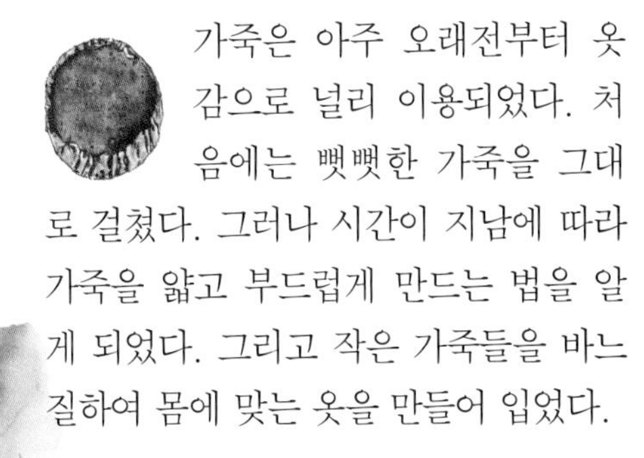

가죽은 아주 오래전부터 옷감으로 널리 이용되었다. 처음에는 뻣뻣한 가죽을 그대로 걸쳤다. 그러나 시간이 지남에 따라 가죽을 얇고 부드럽게 만드는 법을 알게 되었다. 그리고 작은 가죽들을 바느질하여 몸에 맞는 옷을 만들어 입었다.

가죽 말리기
가죽을 오그라들지 않도록 팽팽하게 당겨서 끈을 매어 말리고 있다.

가죽 문지르기
말린 가죽을 기름이나 물을 묻혀서 문지르고 있다. 뻣뻣한 가죽이 얇고 부드러워진다.

구멍 뚫기
가죽을 꿰매기 위해 바늘이 잘 들어가도록 구멍을 뚫고 있다.

가죽 꿰매기
작은 가죽들을 이어 붙여 옷을 만들고 있다. 가늘게 자른 가죽이나 칡 껍질 등을 실로 이용했을 것이다.

◀ 뼈바늘
가죽과 가죽을 꿰매는 데 쓴다. 짐승의 뿔이나 뼈를 갈아서 만든다.

가죽옷 만드는 도구

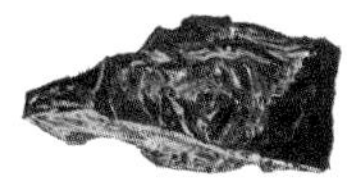

자르개
가죽을 벗기고 자르는 일에 쓴다.

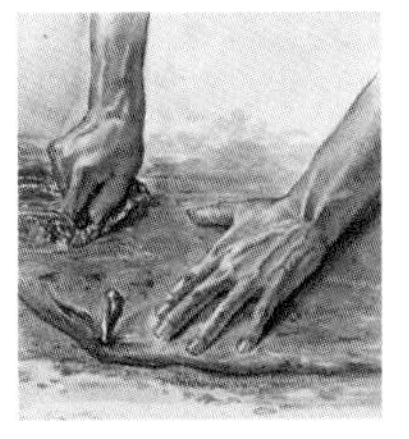

긁개
가죽에서 살을 바를 때 쓴다.

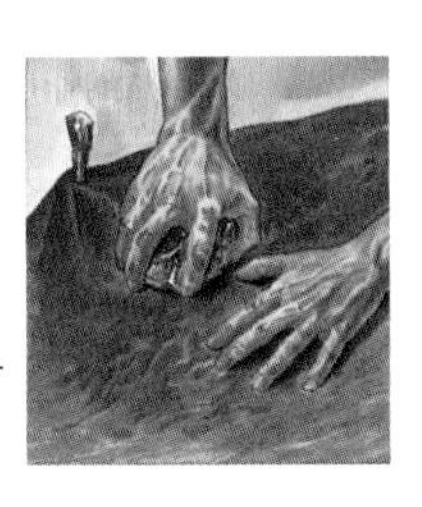

밀개
가죽을 문지르거나 다듬을 때 쓴다.

뚜르개
가죽에 구멍을 뚫을 때 쓴다.

실의 발명

한곳에 정착하여 농사를 짓게 되면서 사람들은 좋은 옷감을 만들 수 있는 질긴 풀을 발견했다. 사람들이 발견한 풀은 '삼'이었다. 삼의 껍질을 쪼개서 이으면 질기고 가느다란 실이 된다. 삼실로 짠 옷은 풀로 엮은 것보다 훨씬 부드럽고 질겼다. 사람들은 가락바퀴라는 작은 돌을 이용해서 삼실을 만들었다. 우리나라 신석기 시대 집터에서는 많은 가락바퀴들이 나온다. 옷감을 짜는 데는 많은 양의 실이 필요하기 때문에 신석기 시대 부녀자들은 가락바퀴를 몇 개씩 만들어 두고 틈나는 대로 실을 만들었을 것이다.

삼실을 감고 있는 사람들
신석기 시대 마을이다.
두 명의 여자가 삼 껍질을 연결하면서, 가락바퀴를 돌려 작은 막대에 실을 감고 있다. 긴 막대기에는 가늘게 쪼갠 삼 줄기들이 묶여 있다.

▼ 삼의 껍질
가늘게 쪼개서 이어 긴 실을 만든다.
삼실은 사람들이 맨 처음 만든 실이다.

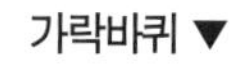

돌로 만들었으며 가운데 구멍을 뚫어 막대기를 꽂을 수 있도록 하였다.

실 감는 원리

◀ 삼실
가락바퀴를 돌리
회전에 의해 실이
한곳에 감긴다.

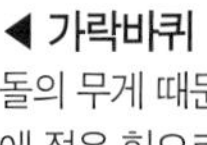

◀ 가락바퀴
돌의 무게 때문에 적은 힘으로 회전이 된다

원시 베틀

실이 발명되자 옷감 짜는 방법도 발전하였다. 실처럼 가늘고 긴 재료는 쉽게 엉켜 버리기 때문에 손으로 엮기가 어려웠다. 사람들은 옷감을 짤 수 있는 튼튼한 사각형의 나무 틀을 생각해 냈다. 이것이 원시 베틀이다.

원시 베틀로 베 짜기
긴 실을 세로 방향으로 늘어뜨리고, 다른 실을 바늘에 꿰어 가로로 엇갈리게 걸어 나가고 있다.

자리틀
돗자리를 짜는 기구이다. 원시 베틀과 닮았다. 세로 방향으로 여러 줄을 건 다음, 풀을 긴 바늘에 꿰어 가로로 하나씩 걸어 나간다.

여러 가지 옷감 짜는 법

옷감의 종류는 크게 두 가지이다. 직물과 편물이다. 가로 실과 세로 실을 서로 얽어서 짠 것을 직물이라고 한다. 한 가닥의 실을 바늘로 얽어서 짠 것을 편물이라고 한다. 흔히 뜨개질이라고 하는 방법이다. 서양에서는 일찍이 편물이 발달하였으나, 우리나라에서는 직물이 발달하였다. 우리나라 전통 옷감은 모두 직물이다.

한 올 건너뛰어 짜기
가장 초보적인 직물로, 평직이라고 한다. 튼튼하며 삼베나 무명을 짤 때 주로 쓴다.

두 올 건너뛰어 짜기
능직이라고 한다. 우리나라 옷감 짜기에는 잘 쓰이지 않으나 비단을 짤 때 쓰기도 한다.

네 올 이상 건너뛰어 짜기
수자직이라고 한다. 매끄럽고 광택이 나며, 공단이나 양단을 짤 때 쓴다.

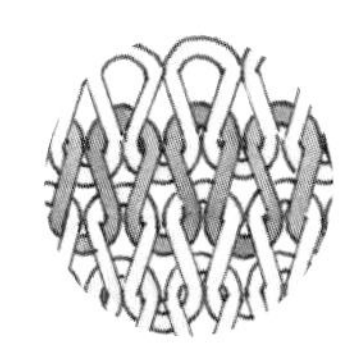

편물 (앞면)
몸에 붙고 잘 늘어나서 편안하다. 속옷이나 스웨터를 짤 때 쓴다.

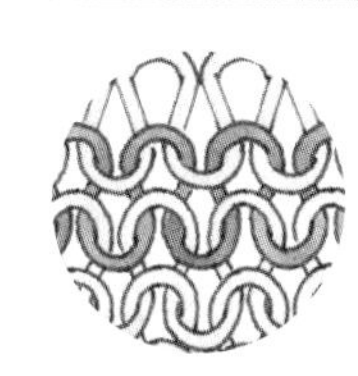

편물 (뒷면)

식물 껍질로 만든 옷

마삼실로 짠 옷감을 삼베라고 한다. 삼베는 우리나라에서 가장 오래된 옷감으로 신석기 시대부터 생산되었다. 무명이 나오기 전까지 서민들의 옷감으로 널리 쓰였다. 삼에서 삼베를 만들기까지는 많은 과정을 거친다. 삼씨를 뿌려 완전히 자랄 때까지 기다렸다가 삼을 수확한다. 잎은 따서 버리고 줄기를 푹 쪄서 껍질을 벗긴다. 삼 껍질을 가늘게 쪼개서 길게 이은 다음 베틀에 올려 짠다. 삼베와 함께 널리 쓰인 옷감으로 모시가 있다. 모시는 모시풀의 껍질로 만든 옷감이다. 모시는 삼국 시대 이후에야 쓰였고, 삼베보다 고급 옷에 이용되었다.

삼베옷을 입은 서민

삼국 시대 서민들의 평상복이다. 누런 삼베옷에 검은 물을 들인 삼베로 띠를 둘렀다.

삼실 만들기

❶ 삼 찌기

삼은 껍질을 벗기기 좋게 증기로 찐다. 두 개의 구덩이를 파고 가운데 통로를 만든다. 한쪽 구덩이에 불을 피워 돌을 뜨겁게 달군 뒤 모래로 덮는다. 물을 부으면 달구어진 돌에서 뜨거운 김이 나와 다른 쪽 구덩이의 삼이 쪄진다.

삼 껍질을 벗기는 사람들
삼국 시대 부녀자들이 모여서 삼 껍질을 벗기는 모습이다. 줄기의 껍질은 실을 만들고, 나머지 속대는 모아서 땔감으로 쓴다.

삼
뽕나무과의 한해살이풀. 온대 지방에서는 키가 3 m 내외로 자라고 열대 지방에서는 6 m 까지 자란다.

삼베
삼 껍질로 짠 옷감이다.

모시풀
쐐기풀과의 여러해살이풀. 따뜻하고 습기가 많은 곳에서 자란다. 높이 1.5-2 m 이다. 한 번 심으면 10년 이상 수확할 수 있다.

모시
모시풀의 껍질로 짠 옷감이다.

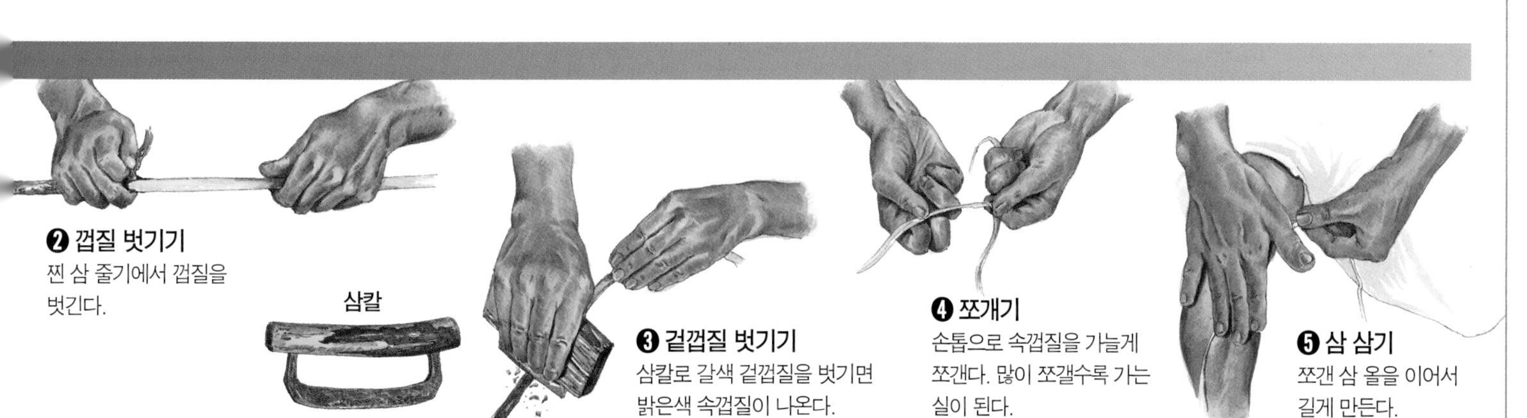

❷ 껍질 벗기기
찐 삼 줄기에서 껍질을 벗긴다.

삼칼

❸ 겉껍질 벗기기
삼칼로 갈색 겉껍질을 벗기면 밝은색 속껍질이 나온다.

❹ 쪼개기
손톱으로 속껍질을 가늘게 쪼갠다. 많이 쪼갤수록 가는 실이 된다.

❺ 삼 삼기
쪼갠 삼 올을 이어서 길게 만든다.

누에고치로 만든 옷

누에고치에서 뽑은 실로 짠 옷감을 비단이라고 한다. 누에라는 애벌레는 번데기가 될 때 자신의 몸에서 실을 뽑아내어 고치를 짓는다. 사람들은 이 실을 옷감의 재료로 이용하게 되었다.

비단은 자연 재료로 만든 옷감 가운데 가장 보드랍고 아름답다. 그리고 삼베나 모시보다 따뜻하여 겨울철 옷감으로도 좋다.

우리나라의 비단은 삼국 시대 이전에 중국에서 들어왔다. 그러나 재료를 구하기 힘들어 주로 귀족들의 고급 옷감으로 쓰였다.

비단옷을 입은 귀족
삼국 시대 귀족의 옷이다. 물들인 비단에 화려한 무늬를 놓았다.

누에 치기
뽕잎을 따서 누에를 치고 있다. 뽕나무는 뽕잎을 따기 쉽도록 가지치기를 하여 키가 높이 자라지 않도록 한다. 누에는 주로 봄 · 가을에 친다.

◀ **누에섶**
누에가 고치를 쉽게 지을 수 있도록 짚을 엮어 만든다.

▲ **뽕잎을 갉아 먹는 누에**
3 mm 의 작은 누에는 뽕잎을 먹고 8 cm 까지 자란다.

▲ **고치와 누에나방**
한 개의 고치에서 약 1,500 m 의 실이 나온다. 고치를 지은 후 보름이 지나면 나방이 된다.

삶은 고치 ▶
수확한 고치는 삶아서 올이 잘 풀리도록 한다.

▲ **자새**
실을 꼬는 기구이다. 고치에서 열 가닥 이상의 실을 모아 자새의 쇠고리에 걸어 빼내면 실이 꼬인다.

▲ **물레**
실을 감는 도구이다. 손잡이를 돌리면 자새를 통과한 명주실이 물레 살에 감긴다.

여러 가지 비단

명주 - 무늬 없이 평직으로 짠 것

공단 - 무늬 없이 두껍게 짠 것

사 - 얇고 발이 성기게 짠 것

양단 - 무늬를 넣어 두껍게 짠 것

솜으로 만든 옷

목화솜에서 뽑은 실로 짠 옷감을 무명이라고 한다. 무명은 고려말 원나라에서 전래되었으나, 부드럽고 따뜻하면서 원료 재배가 쉬워 가장 널리 쓰이는 옷감이 되었다. 그러나 무명은 삼베나 비단보다 실 만드는 작업이 까다롭다. 솜은 가늘고 짧은 섬유들이 엉켜 붙은 덩어리이고, 그 속에 작은 씨들이 박혀 있다. 이에 '씨아'와 '물레'라는 기구가 발명되었다. 씨아는 솜 속에 들어 있는 목화씨를 빼는 기구이고, 물레는 가는 솜 뭉치에 꼬임을 주어 실을 만드는 기구이다. 조선 시대 부녀자들은 집집마다 목화를 재배하여 무명을 짰다.

무명옷을 입은 사람들
조선 시대 서민의 평상복이다. 남자 도포와 여자 치마는 무명에 푸른색 쪽물을 들였다.

◀ 솜저고리
솜을 넣어 누벼 만든 남자 저고리이다.

풍차바지 ▶
뒤가 트인 어린아이의 바지이다. 솜을 넣어 누볐다.

목화 따기

목화는 9월 상순부터 수확하기 시작한다. 이때부터 된서리가 오기 전까지 수확하는 것이 가장 질이 좋다.

무명이 나오기까지

4~5월에 씨를 뿌린다.

7~8월께 꽃이 핀다.

꽃이 지면 다래라는 열매가 맺힌다.

9월 상순 다래에서 목화송이가 핀다.

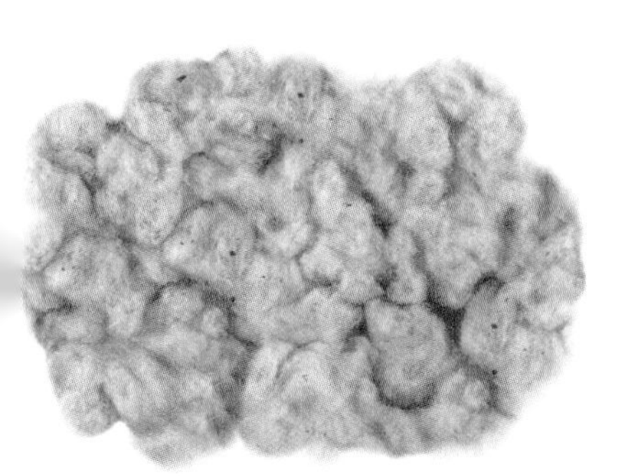

▲ 솜

목화송이에서 수확한 솜이다.

▲ 고치

실을 만들기 위해 막대기 모양으로 솜을 말았다.

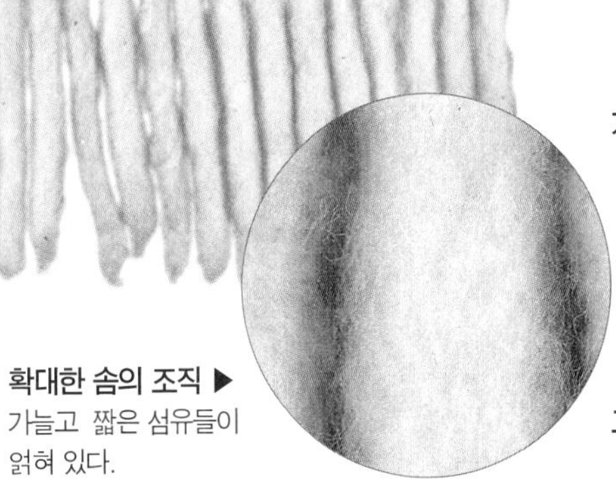

확대한 솜의 조직 ▶

가늘고 짧은 섬유들이 얽혀 있다.

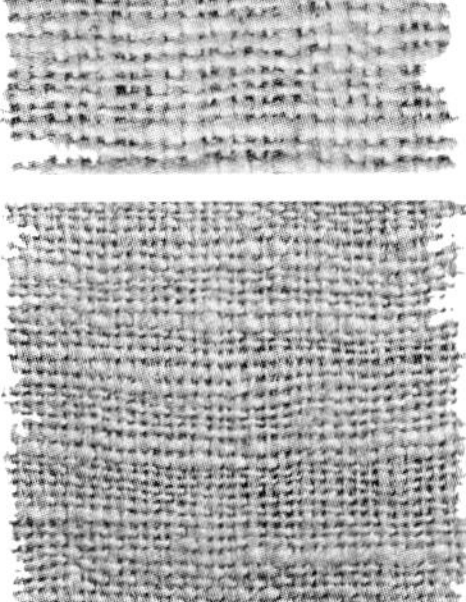

거친 무명 ▶

고운 무명 ▶

길쌈하는 여자들

마을 부녀자들이 멍석 위에 앉아 길쌈을 하고 있다.
맨 위 왼쪽부터 솜에서 씨 빼기, 솜 부풀리기,
고치 말기, 실 뽑기를 하고 있다. 오른쪽 아래 사람은
씨실을 감고 있고, 왼쪽 아래 사람은 실을 베틀에 올려
옷감을 짜고 있다.

솜에서 옷감이 나오기까지

목화를 따서 옷감을 짜는 과정은 크게 네 단계로 나눌 수 있다. 솜 다듬기, 물레질하여 실 만들기, 씨실 날실 준비하기, 베 짜기이다. 비단과 삼베 역시 재료를 준비하는 과정만 다르고 나머지는 무명과 같다.

솜 다듬기

목화는 따는 대로 볕에 활짝 널어 말린다. 잘 말라야 씨가 쉽게 빠진다. 말린 목화는 거두어 씨 빼기를 한다. 목화솜에서 씨를 골라내는 것을 '씨 앗기'라고 한다. 씨 앗기에는 '씨아'라는 기구가 쓰인다.
씨 앗기가 끝나면, 껍질이나 티를 털어 내서 솜을 깨끗이 한다. 그리고 대나무를 휘어서 활처럼 만든 솜활로 솜을 부풀리는데 이를 '솜 타기'라고 한다. 활 끝의 진동에 따라 솜이 뭉게뭉게 피어난다. 솜이 오래되어 눌려서 폭신한 느낌이 없어지면 다시 '솜 타기'를 하여 부풀려 쓰면 된다.
솜이 준비되면, 실을 뽑기 편하도록 솜을 빈 대롱 모양으로 만든다. 이 과정을 '고치 말기'라고 한다. 대롱 모양으로 만든 솜을 '고치'라고 한다. 고치가 만들어지면 실 만들 준비가 끝난다.

◀ 씨아
솜 속에 박혀 있는 목화씨를 빼는 도구이다. 암카락과 수카락 사이에 솜을 넣고 씨아손을 돌리면, 암가락과 수카락이 돌아가면서 솜이 납작하게 되어 밖으로 빠져나간다. 딱딱한 씨들은 빠져나가지 못하고 아래쪽에 떨어진다.

▲ 솜활
솜 타기에 쓰는 활은 주로 참대로 만든다. 조선 시대에는 고래 힘줄로 활줄을 만들었다는 기록도 있다.

◀ 솜 타기
활 끈을 당겨 진동을 주면 활 끈이 규칙적으로 움직이면서 솜은 부드럽게 피어 오른다.

고치 말기 ▶
솜을 떼어 가로 5 cm, 세로 20 cm 크기로 말판 위에 놓는다. 말대로 누르면서 비벼 말면 대롱 모양의 고치가 된다.

솜을 다듬는 사람들
왼쪽에 있는 사람은 씨아를 돌리고 있다. 오른쪽 사람은 솜에 붙은 티를 골라내고 있다.

▼ 말대와 말판
말대는 수숫대로 만든다. 말판은 따로 만들지 않고 됫박을 쓰는 경우도 있다.

실 만들기

실을 만드는 일을 '실 잣기' 라고 한다. 대롱 모양으로 말아 놓은 고치에서 질기고 긴 실을 뽑는 작업이 실 잣기이다. 실 만드는 데는 물레라는 기구를 이용한다. 물레는 바퀴 모양으로 생겼으며, 실 만드는 일과 실 감는 일 두 가지를 한다. 물레를 돌리면, 솜 속의 가늘고 짧은 실들이 조금씩 서로 꼬이면서 질기고 긴 실이 된다. 만들어진 실은 실패 역할을 하는 물렛가락에 감긴다.

실 잣기는 주로 농사일이 끝난 겨울철에 많이 했다. 동네 아낙네들이 한집에 모여 함께 물레질을 하는 일이 많았다.

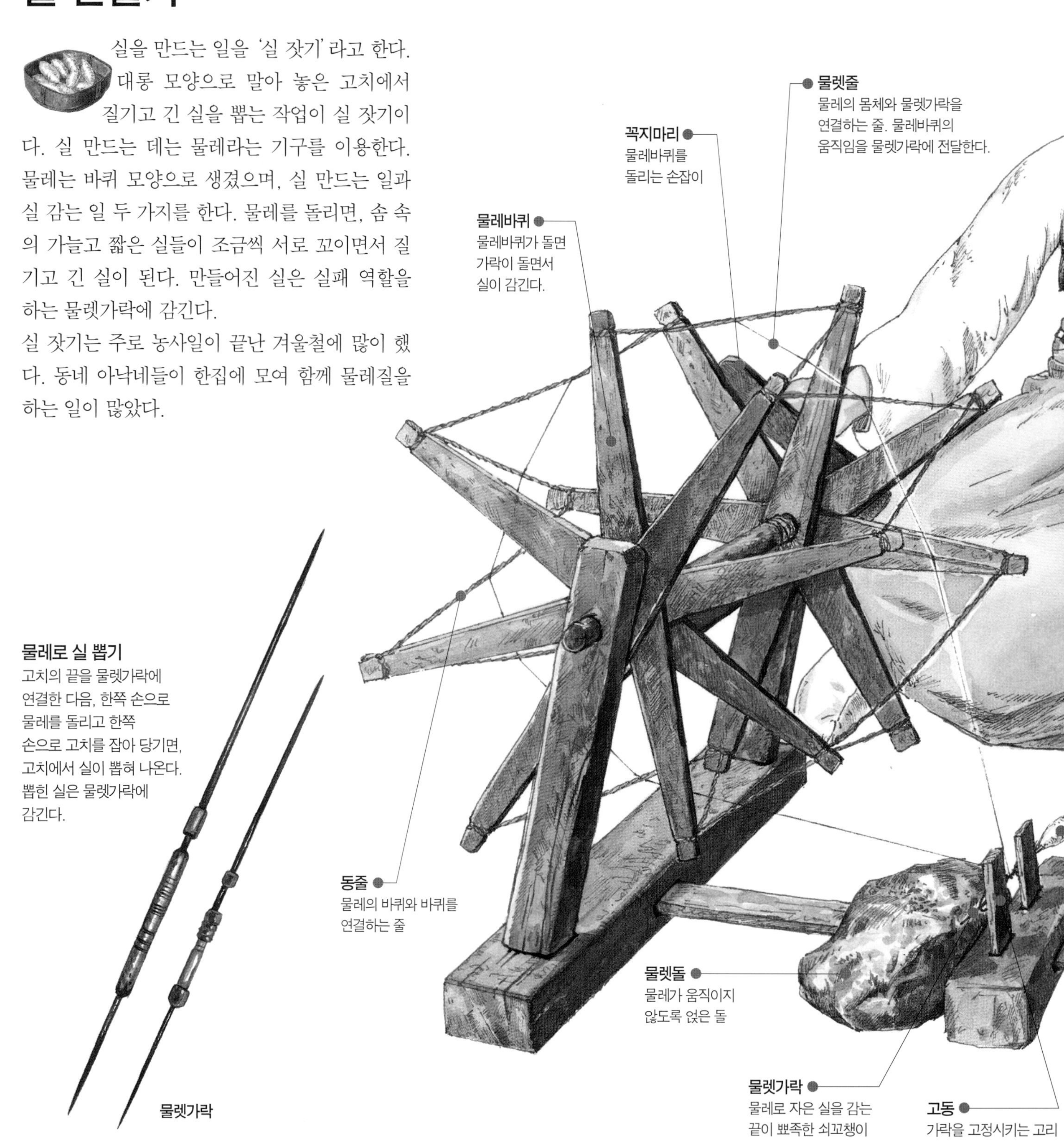

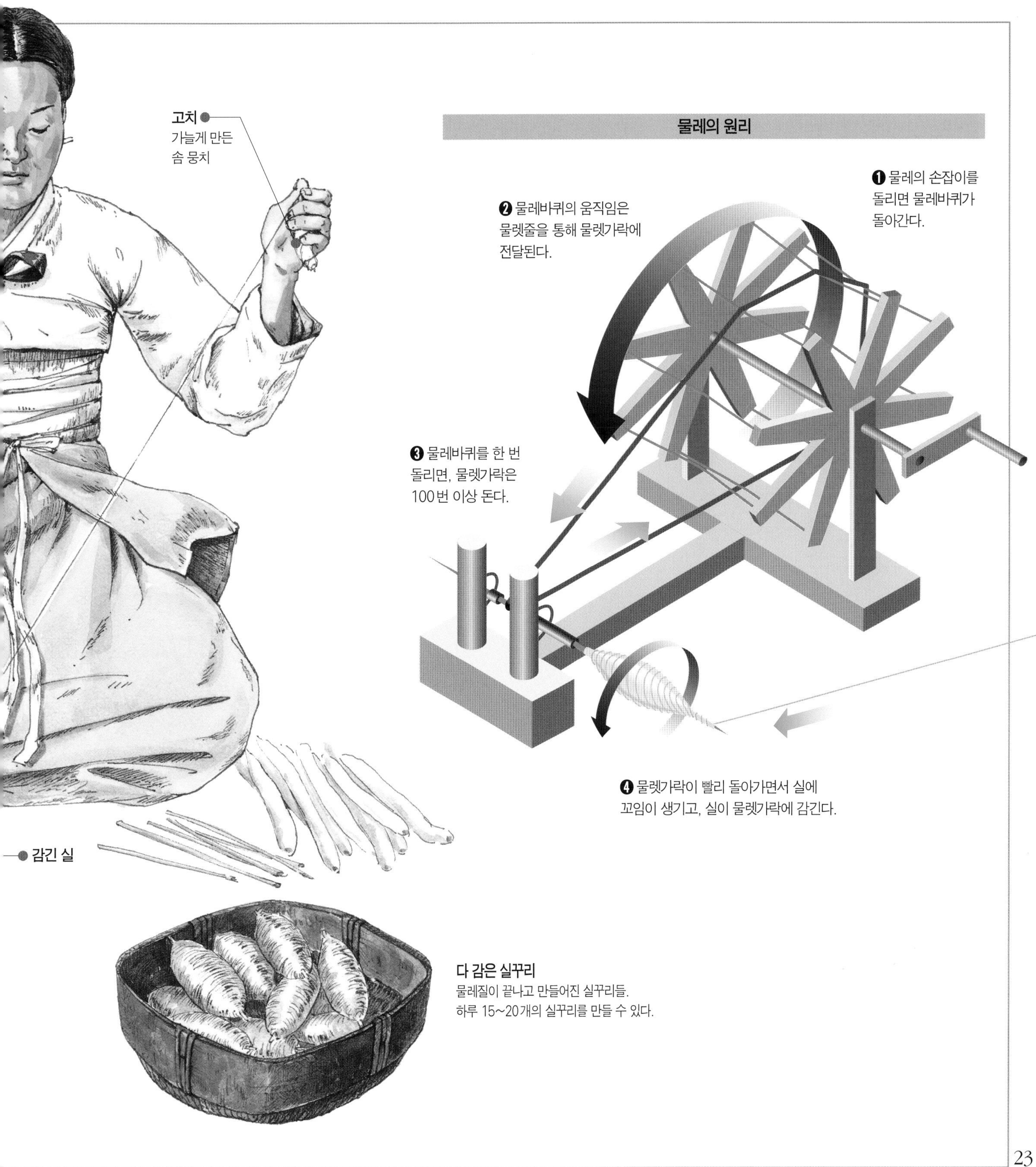

다 감은 실꾸리
물레질이 끝나고 만들어진 실꾸리들.
하루 15~20개의 실꾸리를 만들 수 있다.

씨실 날실 준비하기

실이 만들어지면 씨실과 날실로 나누어 베틀에 올릴 준비를 한다. 옷감은 세로로 길게 늘어진 날실 사이를 실패 모양의 씨실이 오가면서 짜인다. 이때 세로 방향의 실을 날실, 가로 방향의 실을 씨실이라 한다.

씨실로 쓸 무명실은 물에 푹 삶아 꾸리에 감는다. 날실로 쓸 실은 일정한 길이로 맞추어 풀을 먹여서 가지런히 정리한다. 이 과정이 '베 매기'와 '베 날기'이다. 이때, 날실을 몇 가닥으로 하느냐에 따라 고운 옷감을 짤 것인지 거친 옷감을 짤 것인지가 결정된다. 옷감의 폭은 일정하게 정해져 있기 때문에, 가는 실을 써서 날실을 촘촘히 준비하면 고운 옷감이 되고, 굵은 실로 듬성듬성하게 준비하면 거친 옷감이 된다.

◀ 날실 모으기
날실을 한꺼번에 여러 가닥 뽑기 위한 도구이다. 꼬챙이 10개에 실꾸리를 끼워서 한꺼번에 10올을 합쳐서 뽑는다.

◀ 풀 솔
풀 먹일 때 쓰는 솔이다. 솔풀이라는 식물의 뿌리를 캐서 만든다.

▲ 씨실 감기
씨실을 감는 것을 꾸리 감기라고 한다. 실이 엉키지 않고 잘 풀리도록 ∞형으로 감는다. 감은 꾸리는 북에 넣어 쓴다.

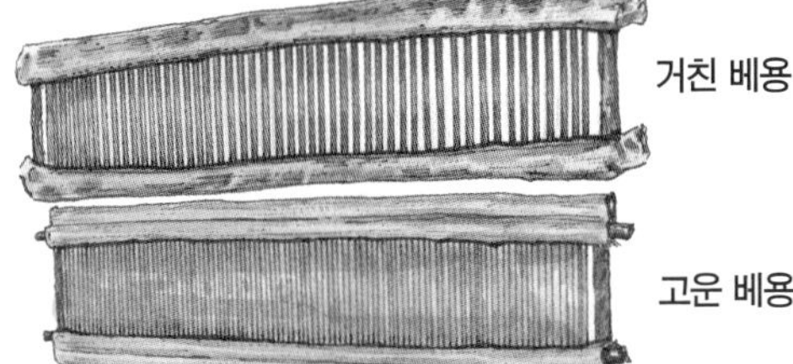

바디 ▼ ▶
바디는 옷감을 짤 때 날실이 엉클어지지 않게 해 준다. 바디 날의 촘촘하고 성긴 정도에 따라 옷감의 곱고 거친 정도가 결정된다.

날실 풀 먹이기 ▲

날실을 팽팽하게 당겨 풀을 먹인다. 풀 먹인 날실은 잘 끊어지지 않는다. 이 과정을 베 매기라고 한다. 밑에서 불을 피워 풀 먹인 실이 쉽게 마르도록 한다.

◀ 날실 길이 맞추기

날실의 길이는 옷감의 길이와 같다. 날실을 옷감 길이로 필요한 가닥 수만큼 정리하는 과정이 베 날기이다.

◀ 날실 바디에 꿰기

날실이 엉키지 않도록 바디에 끼운다. 참빗처럼 생긴 바디의 살 하나하나에 날실을 건다.

베 짜기

씨실과 날실이 준비되면 베틀에 얹어 옷감을 짠다. 옛날에는 옷감을 '베'라고 불렀다. 따라서 옷감 짜기는 '베 짜기'라고 부른다.

날실은 베틀 위에 길고 팽팽하게 늘어뜨린다. 씨실을 감은 것은 손에 잡기 편하도록 '북'이라는 배 모양의 작은 그릇에 담는다.

베틀에 걸터앉아 베틀신을 신고 발을 당겼다 폈다 하면 날실이 위아래로 나누어진다. 그 사이로 씨실을 담은 북이 왔다 갔다 하면서 베가 짜여진다.

무명은 농사가 끝나고 한가한 겨울에 많이 짰다. 그렇지만 삼베나 모시는 날씨가 선선해지면 올이 쉽게 끊어지기 때문에 더울 때 짰다. 실내가 건조해도 올이 쉽게 끊어지므로 날실에 가끔씩 물을 뿌리거나 습기가 많은 움집에서 베를 짰다.

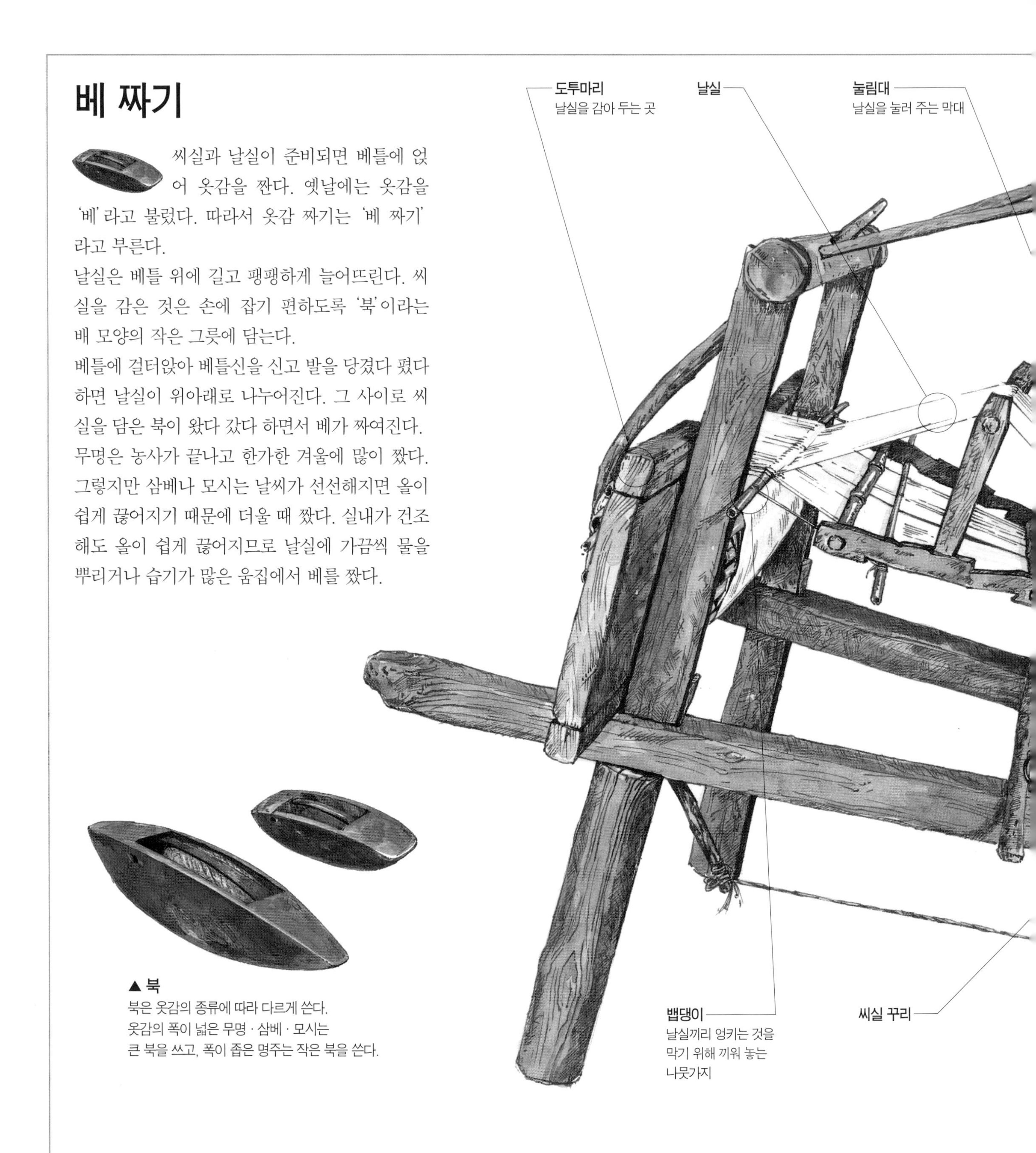

▲ 북
북은 옷감의 종류에 따라 다르게 쓴다.
옷감의 폭이 넓은 무명 · 삼베 · 모시는 큰 북을 쓰고, 폭이 좁은 명주는 작은 북을 쓴다.

잉아
날실을 끌어올리는 실
바디
날실을 정돈하고 짜여진
옷감을 촘촘히 다지는 기구
북
씨실 꾸리를 넣는 통
옷감 짜기의 기본 원리
❶ 홀수 올이 올라가 있고, 짝수 올이 내려가 있다. 그 사이로 북을 통과시킨다.
❷ 바디를 당겨서 씨실을 반듯하게 다진다.
❸ 베틀신을 원위치로 놓으면, 홀수 올이 짝수 올 아래로 내려간다. 북을 통과시킨다.
❹ 바디를 당겨서 씨실을 반듯하게 다진다. 이 네 가지 동작을 계속해서 반복한다.
베틀신
날실 사이를 갈라 준다. 신을 당기면 한쪽 날실이 올라가서 틈이 벌어진다.
짜여진 옷감
말코
짜여 나오는 옷감을 감는 곳
부티
허리에 두르는 띠

물들이기
쪽물 들인 천을 널어 말리고 있다. 조선 시대 사람들은 주로 집에서 염색을 하였다.

물들이기와 무늬 놓기

옷이나 생활용품을 아름답게 꾸미려는 마음은 옛 사람들도 마찬가지였다. 이에 자연 염료를 이용해서 여러 가지 색깔로 옷감에 물을 들이거나 무늬를 놓았다. 물들인 옷감은 때나 얼룩이 잘 드러나지 않아 흰 옷감보다 실용적이다.

물들이기

옛날 사람들도 여러 가지 색깔의 옷을 만들어 입었다. 화학적인 물감이 없었던 시절 사람들은 어떤 방법으로 물을 들였을까?
꽃이나 풀잎, 열매, 나무 뿌리나 껍질 등을 이용하였다. 이들 재료를 끓이거나 우려내어 빨강 · 노랑 · 남색 등 여러 가지 물감을 만들었다. 한 가지 물감으로도 여러 가지 색깔을 내었다. 담그는 횟수에 따라 옷감의 색깔은 달라진다. 그리고 염색하려는 천의 종류에 따라서도 색깔이 다르게 나타난다. 같은 천에 다른 색깔을 순서대로 물들이면 또 새로운 색깔이 나타난다.
고구려 고분 벽화에 사람들이 화려한 색깔의 옷을 입고 있는 것으로 볼 때, 물들이기는 삼국 시대 이전부터 이루어진 것으로 보인다.

▲ 노란 저고리
무명에 치자 열매로 물들였다.

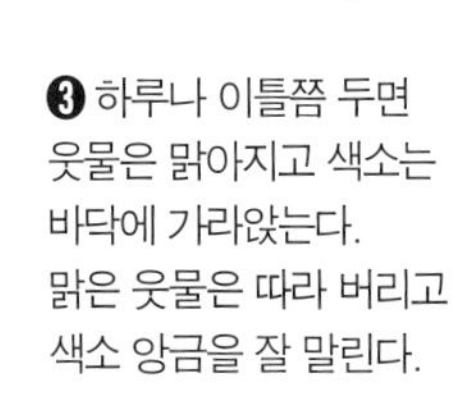

검정 치마 ▲
무명에 먹물을 넣고 삶아 물들였다.

쪽물 들이기

쪽이라는 식물을 이용하여 옷감을 푸른색으로 물들이는 과정이다.

❶ 쪽 잎을 따서 항아리에 담는다. 잎이 잠길 정도로 물을 붓고 쪽 대로 덮은 다음 돌을 눌러 놓는다. 뚜껑을 덮어 햇볕이 잘 드는 곳에 일주일쯤 둔다.

❷ 쪽 잎을 건져낸 다음 꼬막이나 굴 껍질을 구워 만든 석회를 뿌리고 젓는다.

❸ 하루나 이틀쯤 두면 웃물은 맑아지고 색소는 바닥에 가라앉는다. 맑은 웃물은 따라 버리고 색소 앙금을 잘 말린다.

❻ 처음 쪽물을 들이면 엷은 옥색이 된다. 같은 방법으로 계속 물들이면 점점 짙은 쪽빛이 된다.

❺ 쪽물에 옷감을 넣고 계속 뒤적인다. 꺼내서 공기 중에 말리면 제 색깔이 나타난다.

❹ 물들일 때는 쪽 대, 볏짚 등을 태운 잿물에 색소를 붓고 저어 파란 쪽물을 만든다.

다양한 염료와 색상

쪽 - 잎을 이용하여 푸른색으로 물들인다.

잇꽃 - 꽃잎으로 붉은색을 들인다.

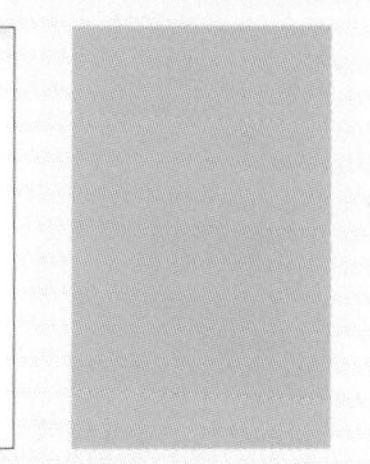

치자 - 열매를 이용하여 노란색으로 물들인다.

밤 - 밤 껍질을 물에 담가 두면 밤색의 물이 우러난다.

지치 - 뿌리의 속껍질을 이용하여 보라색으로 물들인다.

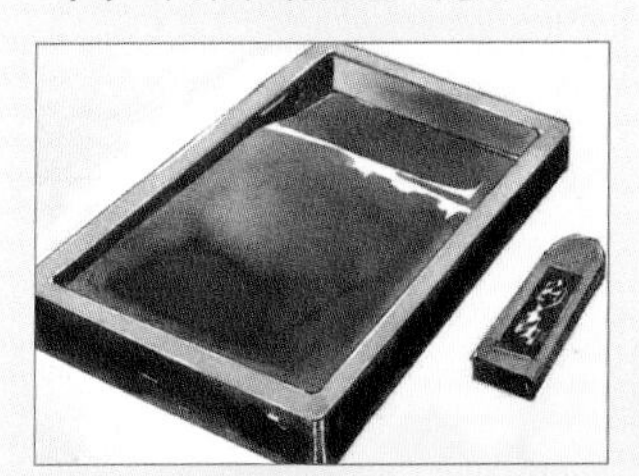

먹물 - 먹을 갈아서 옷감과 함께 넣고 끓인다.

무늬 놓기

옷감을 보다 아름답게 장식하기 위해서 옷감에 무늬를 놓는다. 무늬는 장식적인 역할도 하지만, 높은 신분임을 나타내거나, 장수와 집안의 화목 등을 뜻하기도 한다.

옷감에 무늬를 놓는 방법은 여러 가지이다. 가장 널리 쓰인 것은 물들인 색실로 수를 놓는 것이다. 궁중에서는 얇은 금박을 붙여 옷감을 화려하게 치장하기도 하였다. 그리고 옷감을 짤 때부터 무늬를 넣어 짜는 방법도 있다. 이를 문직이라고 한다.

사람들이 즐겨 쓴 무늬는 일상생활에서 쉽게 접할 수 있는 해 · 풍경 · 꽃 · 동물과 같은 사실적인 것이 많았다.

무늬 넣어 짜기

옷감을 짤 때 색실을 끼워 두거나, 올을 건너뛰면서 옷감의 결을 바꾸어 무늬를 만든다. 비단을 짤 때 이용한다.

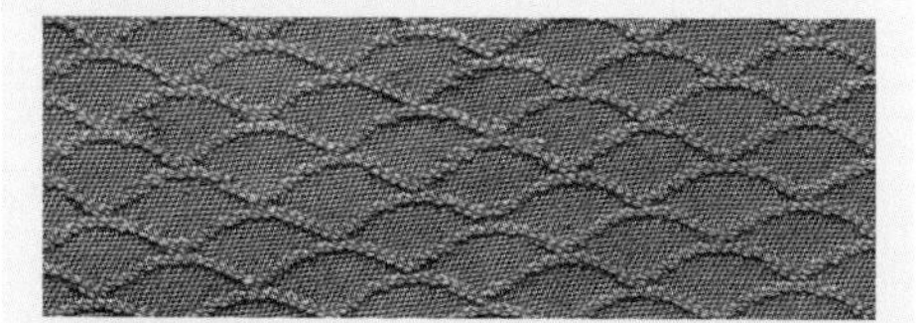

물고기 비늘 무늬

모란 무늬

◀ 수놓기
옷감을 수틀에 끼워 팽팽하게 만들어서 수를 놓고 있다. 수를 놓기 전에 미리 옷감에 무늬를 그려 둔다.

◀ 수놓은 단추
비단에 수를 놓은 단추이다.

◀ 호랑이 흉배
조선 시대 품계가 높은 무관의 관복 가슴 부분에 붙이는 장식물이다.

금박 무늬 찍기

◀ 금박이 찍힌 화려한 옷
궁중에서 입는 당의(위)와 대란치마(아래)이다. 치맛단에 수(壽), 복(福), 연꽃 등의 금박 무늬가 찍혀 있다.

❶ 밤나무나 대추나무 등 결이 단단한 나무에 무늬를 새긴다.

❷ 무늬를 새긴 틀에 접착제를 바른다.

❸ 접착제가 묻은 무늬판을 옷에 찍는다.

❹ 그 위에 금박 종이나 금박 가루를 두들기면 금박 무늬가 나타난다.

혼례식 풍경
신랑 신부가 평소에는 입지 못하는 화려한 비단 옷을 입고 결혼식을 올리고 있다.

여러 가지 옷감의 쓰임

우리나라에서 널리 쓰인 옷감은 삼베 · 모시 · 무명 · 비단 등이다. 이들 옷감은 그 성질에 따라 여러 가지 옷을 짓는 데 쓰였다. 그리고 이불이나 밧줄 등 생활 용품의 재료가 되기도 하였다.

삼베와 모시

삼베와 모시는 여름철 옷감으로 널리 이용되었다. 살에 닿는 촉감이 차갑고 까칠까칠하면서 땀을 잘 흡수하기 때문이다. 염색이 잘되지 않기 때문에 주로 희거나 누런 바탕색 그대로 쓴다.

삼베는 올이 거칠고 질겨서 작업복이나 거친 옷, 질긴 밧줄 등을 만들 때 쓴다. 모시는 올이 곱고 아름다워 고급 옷이나 손수건 등에 쓴다. '한산모시'는 품질이 좋아 널리 알려졌다.

◀ **모시옷을 입은 여자**
풀을 먹여서 잘 손질한 모시 적삼과 치마를 입었다. 머리에는 햇볕을 가리기 위해 대나무로 엮은 방갓을 쓰고 있다.

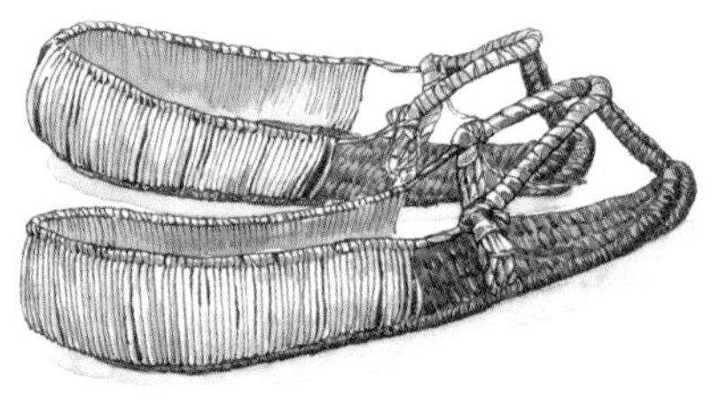

▲ **미투리**
삼 풀을 소금물에 담갔다가 엮은 신이다.

▼ **모시 조각보**
작은 모시 조각을 이어서 만든 보자기이다.

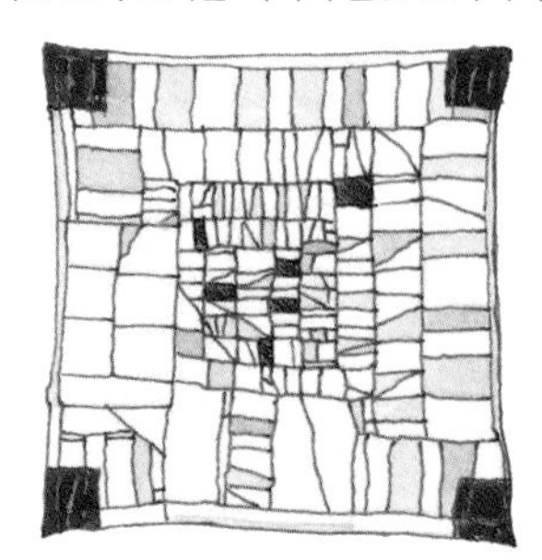

시원한 여름옷

삼베옷과 모시옷을 입은 사람들이 서늘한 나무 그늘에 앉아 한가롭게 장기를 두고 있는 여름철 풍경이다.

▲ 승복
장삼이라고 하는 스님의 옷으로 삼베에 먹물을 들여 만든다.

▼ 흰 갓
나라에 큰 초상이 났을 때 쓰는 갓. 가늘게 쪼갠 대나무 위에 고운 삼베를 입혀서 만든 것이다.

▲ 돛
바닷물에 자주 젖고, 바람을 한껏 받아야 하는 돛은 튼튼한 삼베나 무명으로 만든다.

▲ 상복
상을 당한 사람은 삼베 옷을 입어 죽은 사람에 대한 애도의 뜻을 표하는 풍습이 있다.

무명

무명은 질기면서 보드랍고 따뜻하기 때문에 가장 실용적인 옷감이다. 따라서 옷 · 속옷 · 침구 등 실용적인 생활용품의 재료로 가장 널리 쓰였다.

특히 무명옷은 사철 언제나 입을 수 있다. 무명 한 겹으로 옷을 만들면 여름에 입을 수 있고, 두 겹으로 만들면 봄이나 가을에 입기 알맞다. 무명 두 겹 사이에 솜을 두둑이 넣어 누벼 입으면 한겨울 추위를 막을 수 있다.

▼ 서민의 평상복
평민들이 평소 생활할 때 입는 옷이다.

▲ 고쟁이
여자 속바지이다.

◀ 다리속곳
가장 안에 입는 여자의 속옷이다.

◀ 갈옷
무명옷에 풋감물을 들인 옷이다. 감물을 들이면 더 질겨진다.

◀ 도포
양반들이 널리 입는 웃옷이다. 옥색으로 쪽물을 들였다.

따뜻한 무명옷을 입은 장사꾼
솜옷을 입고 장작을 팔러 가고 있다. 추운 겨울날 먼 길을 걸어 다니는 사람들은 두툼한 솜옷을 입었다.

물옷 ▶
제주도의 해녀들이 물속에서 일할 때 입는 옷이다.

▲ 단속곳
고쟁이 위에 입는 속옷이다.

▲ 솜버선
솜을 넣어 누빈 버선이다.

▲ 이불과 베개

비단

비단은 전통 옷감 가운데 가장 고급 옷감이다. 광택이 나고 구김이 잘 가지 않아서 옷으로 만들면 모양이 아름답고 우아하다. 염색이 잘되어 여러 가지 색깔로 화려하게 물들여서 썼다.

비단은 짜는 방법에 따라 그 종류가 매우 많다. 누에고치에서 뽑은 실은 아주 가늘고 길어서 여러 가지 옷감으로 짤 수 있다. 적은 수의 올을 합쳐 평직으로 짜면 속이 비치는 얇은 옷감이 된다. 여러 겹의 올을 합쳐 수자직으로 짜면 두꺼운 옷감이 된다. 또 옷감의 결이 곱고 섬세하기 때문에 규칙적인 무늬가 나타나게 짤 수도 있다. 이와 같이 비단은 종류가 다양하기 때문에 여름철 옷감부터 겨울철 옷감까지 모두 쓰였다. 양반가에서나 궁중에서는 외출복 · 예복 · 일상복을 모두 비단으로 만들었다. 그러나 서민들은 명절이나 혼례식과 같은 특별한 날에만 비단옷을 입었다.

▼ 결혼할 때 입는 옷
신랑은 관복을 입고, 신부는 활옷이라고 하여
본래 공주가 입는 예복을 입는다.

설빔을 입은 사람들
설날 풍경이다. 평소에는
무명옷을 주로 입던 사람들도
명절에는 비단옷을 입는다.

◀ 그림 밑판
동양화 밑판으로는 비단을 많이 쓴다. 고운 비단을 밑에 놓고 그림을 그리면 물감이 옷감 속에 스며들어 접혀도 물감이 떨어지지 않고 오래간다.

책 표지 ▶
비단으로 표지를 발라 책의 품위를 높이고 오래 볼 수 있도록 하였다.

◀ 비단신
상류층 여자들이 신었던 신발. 당혜라고 한다. 몸체는 가죽이나 비단으로 만들고, 겉에 비단을 씌운다.

오색 주머니 ▶
궁중에서 사용한 주머니. 다섯 방위를 뜻하는 오색 비단을 이어 붙이고, 금실로 수를 놓았다.

부인 평상복 ▶
양반집 여자가 평소 생활할 때 입는 옷이다.

◀ 돌에 입는 옷
보라색 풍차바지와 색동저고리를 입고 머리에는 복건을 썼다.

◀ 선비의 옷
학과 같이 고결하고 숭고함을 상징하는 옷으로 학창의라고 한다.

옷감 손질하기

옛날에는 옷감이 귀했기 때문에 사람들은 옷감을 아주 소중하게 여겼다. 그래서 옷감을 깨끗이 오래 쓸 수 있도록 정성껏 손질하였다.

옷감 손질에서 가장 기본이 되는 것은 빨래이다. 빨래는 옷에 묻은 먼지와 묵은 때를 빼는 작업이다. 전통적인 빨래 방법은 먼저 옷감의 바느질한 부분을 모두 뜯어서 옷을 짓기 전의 상태로 만든다. 그리고 개울가에서 빨랫방망이로 두들기면서 옷감을 빤다. 그런 다음 다시 재를 태워 거른 잿물에 옷감을 삶아서 하얗게 만든다.

빨래를 한 옷감은 햇볕에 잘 말린 다음 풀을 먹인다. 옷감에 풀을 먹이면 옷감이 해어지지 않을 뿐만 아니라 때도 잘 타지 않는다.

풀 먹인 옷감은 손치기를 하여 올을 가지런히 한 다음 차곡차곡 접는다. 다듬이질과 다림질을 하여 구김을 편다.

▼ 잿물에 삶기
빨래를 하얗게 만들기 위해 옛사람들은 잿물을 이용하였다. 짚이나 콩깍지 등을 태운 재를 걸러서 받은 잿물에 빨래를 삶으면 하얗게 변한다.

▼ 말리기
깨끗이 빤 빨래를 햇볕에 말린다.

푸새 ▶
잘 말린 옷감을 거두어 풀을 먹이는 장면이다. 푸새를 하면 모양이 반듯해지고 때가 덜 타며 얼룩이 잘 빠진다.

▲ 손치기
풀 먹인 옷감은 다시 잘 말린 다음 올을 반듯하게 하고 다듬이질을 할 수 있도록 차곡차곡 접는다.

빨래터
냇가에서 빨래하는 풍경이다. 빨래를 방망이로 두들겨 빠는 방법은 우리나라의 전통적인 세탁 방법이다. 방망이로 빨래를 두들기면 미세한 공기 방울들이 생기고, 이 공기 방울들은 옷감 사이에 끼어 있는 때를 밀어낸다.

▲ 다듬잇돌과 다듬잇방망이
다듬잇돌 위에 풀 먹인 옷감을 접어서 얹고 다듬잇방망이로 두들기면 풀기가 옷감에 고루 밴다.

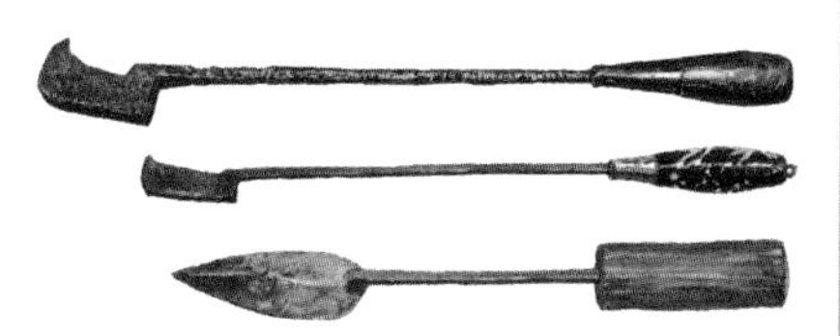

▲ 인두
직접 불에 달구어 옷의 솔기나 모서리 따위 좁은 곳의 주름을 펼 때 쓴다.

▲ 다리미
숯을 넣어 열기로 옷을 다린다.

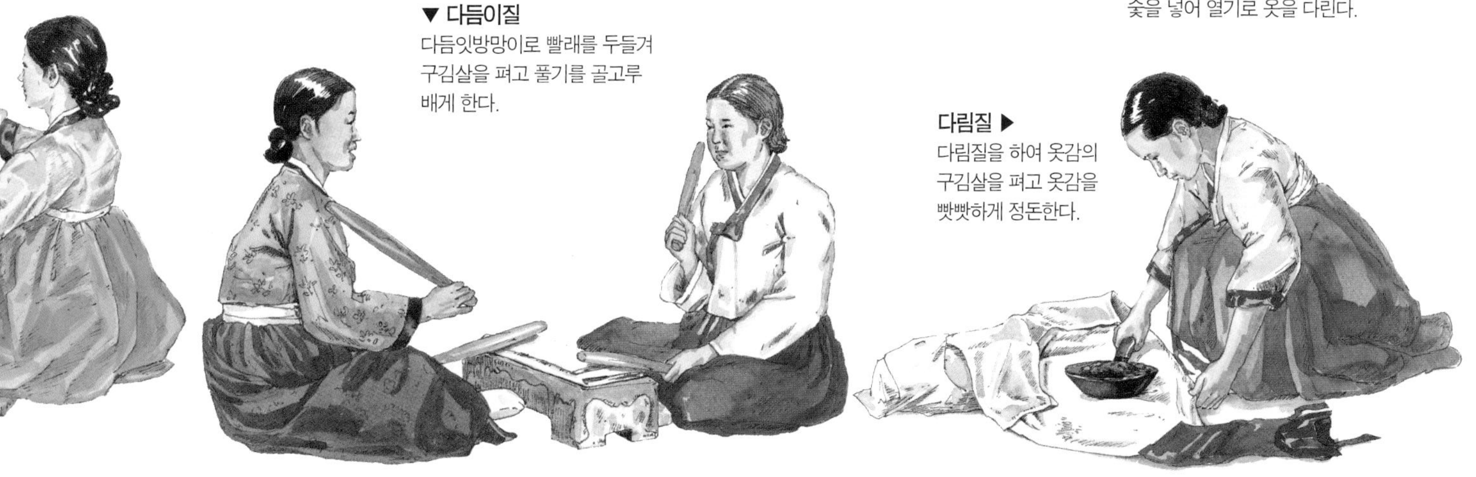

▼ 다듬이질
다듬잇방망이로 빨래를 두들겨 구김살을 펴고 풀기를 골고루 배게 한다.

다림질 ▶
다림질을 하여 옷감의 구김살을 펴고 옷감을 빳빳하게 정돈한다.

문익점과 목화의 전래

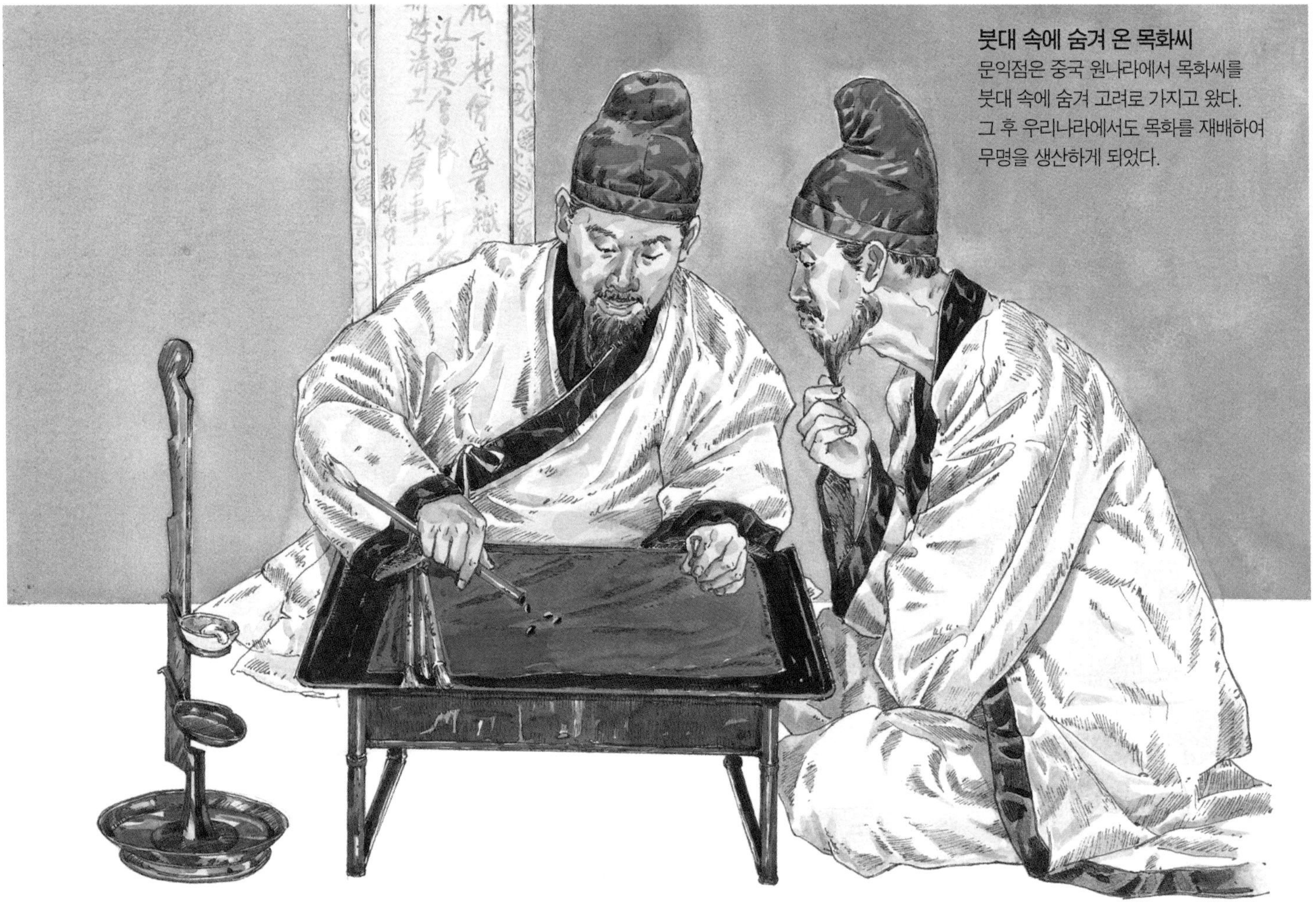

붓대 속에 숨겨 온 목화씨
문익점은 중국 원나라에서 목화씨를 붓대 속에 숨겨 고려로 가지고 왔다. 그 후 우리나라에서도 목화를 재배하여 무명을 생산하게 되었다.

문익점은 고려 공민왕 때의 사람이다. 그는 고려의 사신으로 원나라에 갔다.
어느 날 원나라의 들을 지나다가 하얗게 꽃이 핀 목화라는 식물을 보았다. 그는 이 식물이 질기고 따뜻한 무명의 원료가 된다는 사실을 알게 되었다.
당시 고려는 무명 만드는 법을 몰라서 비싼 값을 주고 원나라에서 수입했다. 이에 가난한 일반 백성들은 추운 겨울에도 차가운 삼베옷을 입고 지냈다. 문익점은, 목화를 재배하면 고려 백성들도 따뜻한 무명옷을 입을 수 있겠다고 생각하였다.
주위의 눈을 피해 목화씨 10알을 몰래 뽑아, 붓대 속에 숨겼다. 국경을 넘을 때 중국 관리들에게 들키지 않기 위해서였다. 당시 원나라는 무명이 주요 수출품이기 때문에 목화씨가 외국으로 나가지 않도록 철저한 감시를 하였다. 문익점은 목화씨를 가지고 고려로 돌아오는 데 성공했다. 그는 장인 정천익과 함께 시험 재배를 시작하였다. 그러나 목화 재배 방법을 몰랐기 때문에 겨우 한 그루만을 살릴 수 있었다. 3년 동안 끈질긴 노력 끝에 문익점과 정천익은 드디어 목화 재배에 성공하였다. 이제 목화를 심어서 많은 솜을 거둘 수 있게 되었다.
그러나 이번에는 솜에서 실을 뽑는 방법을 알 수 없었다. 때마침 정천익의 집에는 원나라의 승려가 머물게 되었다. 이들은 그 승려를 통해 목화씨 빼는 도구와 실 뽑는 도구를 알게 되었다. 씨아와 물레였다.
마침내 문익점과 정천익은 목화를 심어서 무명을 짜기까지 모든 과정을 알게 되었다. 목화 재배법은 전국적으로 퍼져 나갔다. 이제 고려 사람들도 원나라에서 수입하지 않고 따뜻한 무명옷을 짜 입을 수 있게 되었다.

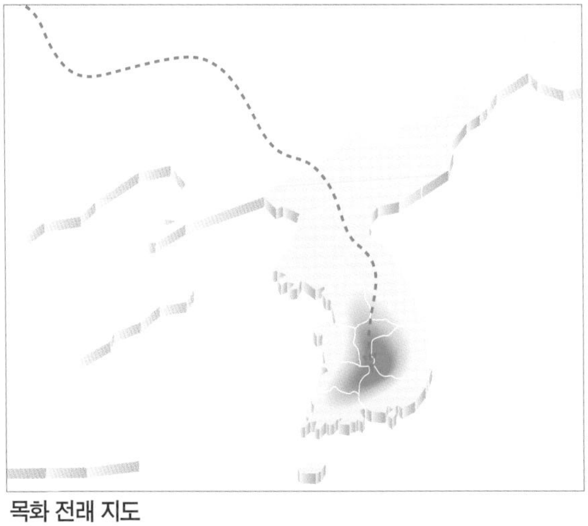

목화 전래 지도
목화는 원나라에서 들어와 경상남도 산청군에서 시험 재배된 후 전국으로 퍼져 나갔다.

풍속화에 나타난 옷감 짜기

▼ **김홍도의 풍속화 중 「물레」 부분**
조선 시대의 한 부녀자가 물레를 돌리며 실을 뽑는 장면이다. 왼손으로 고치를 잡고 오른손으로 물레를 돌리고 있다. 앞쪽에는 물레질이 끝난 실꾸리들이 바구니에 담겨 있다.

김준근의 풍속화 중 「베 날기」 부분 ▶
두 명의 부녀자들이 날실의 길이를 맞추고 있다. 왼쪽 여자는 실꾸리 15개에서 실을 풀어 모으고 있다.

▼ **김준근의 풍속화 중 「베 짜기」 부분**
베 짜는 부인은 왼손에 북을 쥐고 오른발에 베틀신을 신었다. 다른 부인이 그릇에 음식을 담아 가져온다.

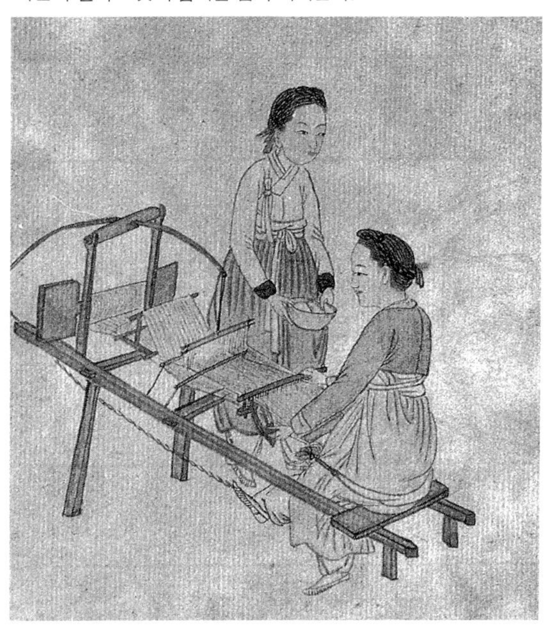

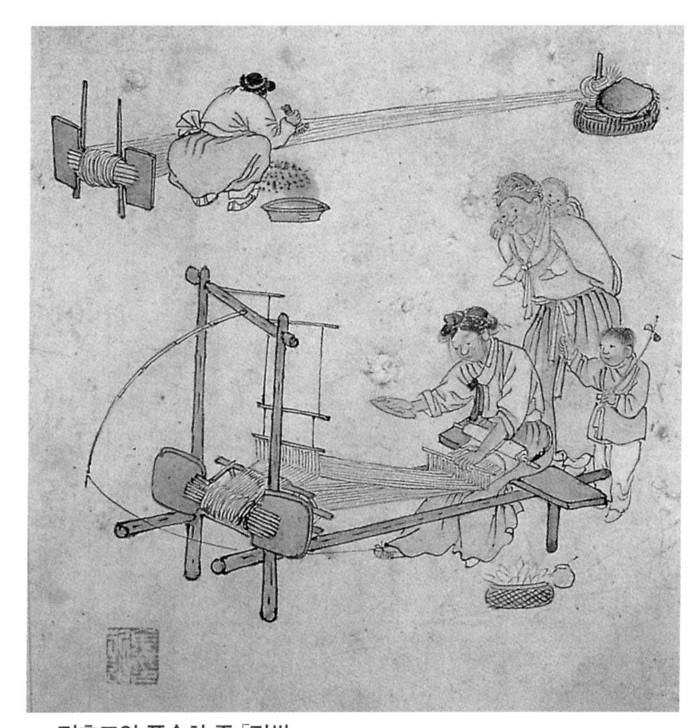

▲ **김홍도의 풍속화 중 「길쌈」**
위 그림은 베 매기를 하는 장면이다. 가지런히 정리한 날실에 풀을 먹이고 있다. 그림 아래는 베 짜는 모습이다.

고치 물레질하려고 만든 솜방망이. 솜활로 탄 솜을 말판 위에서 평평하게 만져 5x20cm 정도의 판자 모양으로 만든다. 대나무나 수수깡으로 된 말대로 서너 번 밖으로 살짝 밀어 감아서 말대를 사르르 빼면 고치가 된다.

꾸리 감기 북 속에 넣어 씨실로 사용할 실을 꾸리에 감는 일. 실을 꾸리에 감을 때는 ∞형으로 감아서 씨실이 엉켜 붙지 않고 잘 풀리게 한다.

누에고치 누에가 실을 토하여 제 몸을 감싸게 만든 집. 비단의 원료가 된다. 음력 4월 초에 누에씨를 사서 뽕잎을 먹이면 5월경에 누에고치를 짓는다. 이를 따서 따가운 햇볕에 잘 말린 뒤, 팔팔 끓는 물속에 넣으면 실올이 풀려 나온다.

다듬이질 옷감 따위를 반드럽게 하기 위하여 다듬잇방망이로 두드리는 일. 물에 축인 빨래를 다듬잇돌 위에 올려놓고 다듬잇방망이로 두드려 주름을 펴고 풀을 고루 배게 하여 광택을 낸다. 한 사람이 두 손에 방망이를 잡고 두드리기도 하고 두 사람이 다듬잇돌을 가운데 두고 마주 앉아서 맞다듬이질을 하기도 한다.

모시 모시풀의 껍질을 가늘게 쪼개 만든 실을 베틀에 올려서 짠 옷감. 저마라고도 한다. 모시의 생산 지역은 삼베가 전국적으로 이루어진 것과는 달리 충청도와 전라도 지역에 극히 한정되었다. 충청남도 서천 지역의 모시는 품질이 뛰어난 것으로 알려져 있는데 그중에서도 한산의 세모시가 유명하다.

목화 아욱과에 속하는 한해살이풀. 4～5월에 목화씨를 뿌려서 9월부터 솜을 따며, 이것을 따는 대로 볕에 잘 말린다. 목화솜을 씨아에 넣어 씨를 빼고 다시 활에 매어 타서 부풀린 뒤에 고치로 말아 실을 잣는다.

무명 목화솜에서 뽑은 실을 재래식 배틀에 얹어 짠 옷감. 무명의 품질은 올의 굵기를 나타내는 '새'라는 단위로 가름한다. 새가 높은 것일수록 곱게 짠 베이다. 보통 일곱 새 정도가 튼튼하고 실용적이어서 평상복에 많이 이용된다.

물레 실을 자아내는 틀. '방차'라고도 한다. 물레는 바퀴의 모양에 따라 두 종류가 있다. 하나는 나무를 깎아 만든 여러 개의 살을 끈으로 얽어 매어 6각의 둘레를 만들고, 가운데에 손잡이를 붙인 것이다. 다른 하나는 여러 개의 살을 붙여서 만든 두 개의 바퀴를 나란히 놓고 바퀴 테 사이사이를 대나무 쪽으로 연결하여 하나의 몸을 이루도록 한 것이다. 물렛가락은 하나를 싣는 것이 보통이나 실을 여러 겹으로 뽑으려 할 때에는 둘이나 셋을 쓴다.

바디 베틀 · 가마니틀 등에 딸린 기구의 하나. 대오리 · 나무 · 쇠 따위로 만들어 날실이 엉키지 않도록 정돈하고, 씨실을 쳐서 올을 다지는 데 쓴다. 바디에는 그 바디가 몇 새용인지를 구분할 수 있는 표시가 되어 있다.

베 날기 날실의 길이를 옷감의 길이로 맞추어 필요한 가닥 수만큼 정리하는 일. 10자 간격으로 말뚝을 박고 10올을 합쳐서 말뚝 사이를 오가면서 실을 걸어 날실의 길이와 가닥 수를 맞춘다.

베 매기 베 날기를 하여 가지런히 맞춘 날실에 풀을 먹여 튼튼하게 만드는 일. 옷감에 따라 다른 풀을 쓴다. 무명에는 쌀, 좁쌀, 보리쌀, 밀가루 풀을 쓰고, 삼베에는 치자 물을 섞은 메밀 풀이나 좁쌀 풀을 썼다. 모시에는 생콩가루에 소금을 넣고 찬물에 개어 썼으며, 명주에는 우뭇가사리 풀을 썼다.

베틀 삼베 · 명주 · 모시 · 무명 등을 짜는 틀. 나란히 세운 두 개의 앞 기둥에 의지하여 사람이 걸터앉기 편한 높이로 긴 틀을 가로로 끼워서 L자 모양을 이루고 있다. 베틀로 하루에 짤 수 있는 옷감의 길이는 명주는 6～7자, 모시는 8～9자, 무명은 10여 자, 삼베는 한 필이다.

북 씨실 꾸리를 넣고 북바늘로 고정시켜 날실 틈으로 왔다 갔다 하게 하여 씨실을 풀어 주어 옷감이 짜이게 하는 배같이 생긴 나무통. 큰 북과 작은 북 두 종류가 있으며 큰 북은 옷감의 폭이 넓은 모시 · 삼베 · 무명을 짤 때 쓰며, 작은 북은 폭이 좁은 명주를 짤 때 쓴다.

비단 누에고치에서 뽑은 실로 짠 옷감의 총칭. 우리나라는 기후 풍토가 누에 치기에 적합하여 일찍이 뽕나무를 심고 누에를 쳐서 비단을 짜는 일이 발달하였다. 조선 시대에는 잠실을 두어 양잠을 발전시켰으며 왕비가 친히 양잠을 하였다. 우리나라에서 짠 비단은 증 · 백 · 견 · 주 · 단 · 사 등 그 종류가 대단히 많았다.

빨래 옷에 묻은 때와 기름을 빼는 일. 처음에는 물속에서 빨래를 흔들거나 손으로 비비고 발로 밟아 빨다가 점차 돌이나 방망이로 두들겨 빨았다. 그 후 잿물과 같은 세제를 이용하였다. 전통 빨래 방법은 빨랫감을 묽은 잿물에 담갔다가 두드려 빤 다음, 잿물과 함께 삶은 뒤 다시 두들겨 빤다. 빨래하기 전에 옷은 전부 해체하고 빨래가 끝난 후 바느질하여 새로 짓는다.

삼 삼베의 재료가 되는 여러해살이풀. 3월 말에 씨를 뿌리고 가꾸어서 8월에 베어, 푹 찐 다음 껍질을 벗긴다. 이것을 잘 말린 뒤에 가늘게 찢어서 겨울에 한 올씩 이어 긴 실을 만든다.

삼베 삼의 껍질로 짠 옷감. 대마라고도 하며, 베라고도 한다. 우리나라는 일찍이 삼을 재배하여 기원전 3, 2세기경 일본에 전파시켰다. 곡성의 돌실나이와 안동포가 유명한다.

섬유 식물이나 동물이 가지고 있는 아주 가늘고 긴 세포나 구조. 새끼 · 실 · 천 · 솔 · 종이 원료 · 편물 등에 이용한다. 식물성 섬유와 동물성 섬유가 있다. 모시 · 삼베는 식물의 줄기에 들어 있는 식물성 섬유를 이용한 것이고, 무명은 솜이라는 목화 열매에 들어 있는 식물성 섬유를 이용한 것이다. 비단은 누에고치에 들어 있는 동물성 섬유를 이용한 것이다.

솜 타기 눌린 솜을 다시 부풀리는 일. 솜활로 한다. 솜활은 지름 약 2cm의 대나무를 휘어서 삼끈으로 활줄을 매어 만든다. 솜을 펴 놓고 막대로 고루 두드린 다음 오른손에 활을 잡고 왼손으로 활끈을 잡아당기면 솜이 피어오른다.

씨아 목화씨를 빼는 데 쓰는 도구. 모양은 토막 나무에 두 개의 기둥을 박고 그 사이에 둥근 나무 두 개를 맞물려 씌운 형태이다. 이를 손잡이에 연결하여 돌리면 톱니처럼 되어 맞물려 돌아가므로 목화 속의 씨가 빠진다. 씨아를 이용하면 여자 한 사람이 하루에 목화 두 말의 씨를 뺀다.

잿물 재를 탄 물로 옛날에 빨래할 때 비누 대신 썼다. 짚을 태운 재를 가장 많이 이용했지만, 지역에 따라서 콩깍지 재, 뽕나무 재, 잠초 재 등도 썼다. 시루를 사용하여 밑바닥에 짚 또는 삿갓 떨어진 것을 깔고 그 위에 재를 넣고 물을 부어 아래로 흘러내리는 잿물을 받는다. 처음에 흘러내리는 물은 강한 잿물이어서 빨래를 삶는 데 주로 쓰고, 나중에 흘러내리는 맑은 잿물은 애벌 빨래에 사용한다. 잿물은 면 · 마직물의 흰옷 세탁에 쓴다.

직물 씨실과 날실을 베틀에 걸어 짠 물건의 총칭. 날실과 씨실을 한 가닥씩 서로 섞어 짜는 방법을 평직이라고 하고, 몇 올씩 건너뛰어 만나게 함으로써 빗금 무늬가 나타나게 짜는 방법을 능직이라고 한다. 날실과 씨실을 네 올 이상 건너 한 올씩 일정하게 교차되게 짜는 것을 수자직이라고 한다. 삼베와 모시, 무명은 평직으로 짜고, 비단은 평직 · 능직 · 수자직으로 짠다.

푸새 옷감에 풀을 먹이는 일. 풀은 쌀풀, 밀가루 풀, 감자 풀, 메밀 풀, 먹고 남은 밥으로 만든 밥풀 등으로 아주 다양하였다. 푸새를 하고 난 다음, 빨래에 풀기가 골고루 퍼지도록 보자기에 싸서 밟는다. 그리고 다듬이질을 해서 구김살을 펴고 풀기를 골고루 배게 한다.

찾아보기

전통과학시리즈

❶ **배무이** 나룻배에서 거북선까지 다양한 우리 전통 배들을 소개합니다.

❷ **집짓기** 온돌과 마루가 함께 있는 우리 한옥의 역사와 특징을 보여 줍니다.

❸ **옷감짜기** 삼베 · 비단 · 무명 등 우리 전통 옷감이 만들어지는 모든 과정을 담았습니다.

❹ **고기잡이** 원시 어구 · 낚시 · 그물 등을 이용한 전통 고기잡이 기술을 보여 줍니다.